AF451969

LETTRE

à

MONSIEUR LE BARON ***

MEMBRE DE LA 1ʳᵉ CHAMBRE.

LETTRE

A

MONSIEUR LE BARON ***

MEMBRE DE LA PRÉMIÈRE CHAMBRE

DES

ETATS - GÉNÉRAUX;

SUR LA LIBERTÉ INDÉFINIE DU COMMERCE
DES GRAINS, DANS LE ROYAUME

DES

PAYS - BAS.

Seconde Édition.

LA HAYE,

CHEZ M. DE LYON, IMP.-LIBRAIRE
rue lange Pooten, Nº. 438.

15 *juin* MDCCCXXIV.

LETTRE

A. M. LE BARON ***

MEMBRE DE LA PRÉMIÈRE CHAMBRE DES ÉTATS-GÉNÉRAUX,

Sur la liberté indéfinie du commerce des grains,
Dans le Royaume des Pays Bas.

Vous voulez, monsieur le Baron, que je vous dise mon opinion, sur la liberté illimitée du commerce des grains, dans les Pays-Bas, et sur le recueil de pièces, publié par ordre de notre excellent Roi.

Ce recueil m'avait effrayé par son volume; mais les écrits de M. POUS, de M. ANDRINGA DE KEMPENAER, de M. MODDERMAN, pour les agriculteurs de Groningue; la requête présentée à S. M. *par des propriétaires et cultivateurs du canton de Stryen, dans la Hollande méridionale*; et, en dernier lieu, la proposition que M. BARTELEMY, a faite à la seconde chambre des États-généraux, sont singulièrement venus à mon secours.

Ces divers écrits ont un mérite éminent; mais ce-

I.

lui de M. Andringa de Kempenaer, a fixé mon attention sous ce rapport particulier, qu'il indique plus directement, comment il sera possible de parer au mal ; et M. Andringa de Kempenaer, qui n'est, ni agriculteur, ni négociant aurait une maison de commerce à Amsterdam, qui se serait spécialement occupée du commerce des grains, pendant grand nombre d'années, qu'il n'aurait pu s'énoncer, avec plus de lucidité, de justesse ni de connaissance de cause.

Les deux rapports de S. Exc. M. le Baron Roëll, m'avaient de suite fait naître l'idée, que le premier de ces rapports n'avait pas été communiqué à la majorité de la commission, nommée le 7 mars 1822; et l'observation qu'en fait M. Andringa de Kempenaer, a confirmé la mienne. Pour bien juger une question, il faut nécessairement entendre les deux parties, s'expliquer, se défendre elles-mêmes : *audi et alteram partem.*

Une autre observation qui n'a cessé de me frapper, depuis 1816, c'est que les partisans du commerce illimité des grains, semblent ne pas vouloir comprendre que nous ne sommes plus, sous le rapport de ce commerce, dans la position où nous étions, il y a cinquante ans.

D'abord, nos provinces septentrionales sont devenues infiniment plus agricoles qu'elles n'étaient, il n'y a pas même trente ans, (M. Roëll confirme ce fait) ; et les besoins de la consommation de ces provinces sont généralement fort au-dessous de ce qu'elles produisent, en froment et en seigle : car nous savons que, pour l'avoine, elles en ont toujours un immense superflu.

Et , par la réunion de nos provinces du midi à celles du nord, nous sommes devenues habitans d'un pays essentiellement agricole, d'un des pays les plus productifs de l'Europe, en fait de céréale ; et, par cela même les intérêts *communs* de notre royaume, ne sont plus, sous ce rapport, et qu'ils étaient autrefois.

Il est évident d'ailleurs, que la libre communication avec la Mer noire, qui n'existait pas il y a trente ans, a entièrement bouleversé le commerce des grains ; et comme dans la partie de la Pologne, qui verse ses bleds sur les marchés d'Odessa, Taganrock et Caffa, les terres appartiennent à divers grands seigneurs, qui les font cultiver par corvées, les prix de ces trois marchés, ont toujours été, et seront probablement toujours, fort au-dessous de ceux des autres marchés de l'Europe.

Aussi, dans le moment actuel, on trouve à y acheter, d'excellent froment, à 11 roubles le tschetwert, soit fr. 5-50. l'hectolitre ; prix qui, avec 12 pour cent, frais d'achat et d'expédition, revient fort bas, rendu à Marseille, le fret et l'assurance, de la Mer noire pour la Méditérannée, étant à bien bon marché.

Ainsi, aux moindres besoins qui se manifesteraient en Europe, et à moins que ces besoins ne fussent aussi considérables que spontanés, rien n'empêcherait d'y faire expédier des bleds de la Mer noire. Car, comme le dit M. CHARLES DUPIN, dans ses observations sur la puissance de l'Angleterre : „La fertilité du basin de la Mer noire est si grande, que les produits de l'agriculture, y dépassant de beaucoup les besoins de la consommation, *et que cet excédent de production s'accroit chaque année.*

Il se trouve d'ailleurs des froments de la Mer, noire, en permanence, et en forte quantité, tant dans divers ports d'Italie, que surtout dans l'entrepôt de Marseille, dont la situation est fort à portée, pour venir, s'il le faut. au secours de l'Angleterre., et encore mieux à celui de la France, de l'Italie, de l'Espagne et du Portugal.

Ainsi, la liberté indéfinie du commerce des grains, pouvait, il y a cinquante ans, être fort sagement établie, surtout dans la province de Hollande (*), comme on la maintient encore très sagement dans les villes Anséatiques, et dans quelques pays, non-agricoles et de peu d'étendue : mais, bien certainement, une liberté indéfinie, ne saurait plus, sans les inconvénients les plus graves, et les plus désastreux, être maintenue, pour le royaume des Pays-bas, dans sa situation actuelle.

Je fus déja dans le cas d'aborder l'intéressante

(*) M. Pous *nous fait observer, qu'à une époque qui n'est pas plus éloignée que mars 1795, l'exportation du froment fut prohibée en Zélande, même pour les autres provinces de la république.*

question de la liberté indéfinie de notre commerce, des grains, lorsqu'en 1816, à la demande d'un de nos hommes d'état les plus distingués, je fis connaitre mon opinion, sur les mesures, que la conjoncture extrêmement épineuse, où l'on était alors, pouvait commander à cet égard; et je ne regrette pas de pouvoir rappeler ici, qu'après y avoir longtems réfléchi, je ne ballançai pas à conseiller *une défense absolue d'exportation, de tout froment, seigle et orge, indigènes.*

Quoique, à cette époque nos prix fussent déjà extrêmement élevés, ils étaient par une espèce de prodige, resté beaucoup plus bas, que ceux de tous les pays voisins; où déjà la disette, la famine même, existait: de façon que rien ne me paraissait plus simple ni plus sage en même tems, que de chercher à conserver une position, aussi singulièrement fortunée.

Un avis contraire prévalut, et il s'ensuivit, que pendant tous le 18me siècle ni depuis le 19me, nos prix n'avaient atteint l'élévation, à laquelle ils parvinrent en 1817. Cela devait immanquablement arriver; et l'augmentation qui se déclara, fut tellement majeure que, sans aucune exagération, on peut l'évaluer à bien au-delà de 100 florins ordinaires par last, sur les besoins généraux de la consommation, en froment, seigle et orge, pendant l'espace d'uneannée.

Or, d'après le tableau n.º 8, du recueil, on évalue les besoins de notre consommation, par année, à 454,129¼ lasts de ces trois divers céréales

Ainsi, en n'estimant cette augmentation forcée qu'à

100 florins ordinaires par last, il est évident que la liberté illimitée d'exporter en 1816 et 1817, a, pendant une année au moins, grévé notre consommation, d'une dépense extraordinaire, soit *d'un impôt indirect*, de plus de 45 millions de florins !....

Car, d'après l'état des importations et des exportations, également joint au recueil; et, pour ne nous arrêter qu'au froment, il en a été importé :

15,043 lasts, en 1816,
24,611 idem, et pour *f* 67,403. en 1817.

Ensemble 39,654 lasts, et *f* 67,403.

Et il en a été exporté :
29,574 lasts, en 1816,
58,211 idem, et pour *f* 4,880,929 en 1817.

Ensemble 87,785 lasts, et *f* 4,880,929.

Ainsi, dans ces deux années, l'exportation du froment a excédé l'importation de 48,131 lasts, et, en sus, d'une valeur de *f* 4,813,526; et c'est dans un *tems de famine*, que cette exportation fut permise, où, (à l'exception du seigle, qui, par un cas fortuit, se trouva, en Hollande, un peu plus élevé en 1812 (*) lors du régime français,) les céréales fu-

____

(*) *En* 1812 *la hausse du seigle fut tellement subite à Amsterdam, qne je me rappelle y avoir acheté une partie de seigle à* 120 *florins d'or, et l'avoir revendue, peu de mois après, à* 360 *florins d'or, soit avec* deux capitaux bruts *de bénéfice !*

rent poussés dans notre royaume, et s'y soutinrent à un taux, auquel on ne les avait encore jamais vus.

Ce qui affirme mon assertion, c'est qu'à raison même de ces exportations démésurées, et tant pour calmer l'effervecence publique, que pour faire baisser les prix, le gouvernement crut devoir, *à tout prix*, faire venir des grains, de divers ports étrangers, surtout de la Baltique; et, sans parler du *tort immense* que produit, dans tout commerce quelconque, la concurrence d'un gouvernement, (*concurrence bien contraire sans doute à une liberté indéfinie*,) je ne vous indiquerai pas, Monsieur le Baron, la somme sans doute *extrêmement majeure*, que ces achats, (peut-être devenus nécessaires, après l'énorme faute que l'on avait commise,) ont couté, en dernière analyse au gouvernement.

Au lieu qu'en empêchant l'exportation en tems utile, nous aurions, seuls à peu près au milieu de l'Europe, conservé des prix, relativement fort médiocres, et assez élevés pourtant, pour que, ni l'agriculture, ni le commerce ne pussent s'en plaindre: car déjà en 1816, les prix moyens étaient d'une telle élévation, qu'*avant* 1789 on n'en avait *jamais* connu de semblables dans nos provinces du nord, ni avans 1795, dans celles du midi.

Aussi, ne savait-on pas autrefois, dans les provinces méridionales, sous le régime de l'Autriche, ce que c'était que disette, à proprement parler. Les prix montaient-ils trop, le gouvernement défendait l'exportation des grains ; baissaient-ils trop, au contraire, il la permettait de nouveau.

Un coup-d'œil sur les tableaux, A, B et C du recueil, vous convaincra de cette vérité : vous y verrez qu'avant 1795, lorsqu'à Bois-le-duc et à Rotterdam, les prix étaient très-élevés, ils étaient très modérés à Louvain.

Ainsi, la France, l'Angleterre, avaient beau eprouver des besoins, les Pays-bas Autrichiens n'en éprouvaient point ; ils pouvaient toujours se suffire.

En 1816 et 1817, la liberté illimitée d'exporter, changea cet état de choses, et nos provinces méridionales se virent alors par la hausse excessive des grains, dans une position tout-à-fait insolite pour elles ; jamais elle n'avaient expérimenté pareille calamité.

On aura beau dire, que l'agriculture, que le commerce, ont gagné à cet état de choses. Quelque peu d'individus, quelques spéculateurs, quelques maisons de commerce, surtout étrangères, peuvent en avoir tiré de l'avantage : la masse de la nation, n'en a pas moins gémi sous le poids de la disette, pendant un tems fort considérable ; l'esprits systématique, qui a provoqué cette disette, n'en a pas moins produit pour la nation, un impôt temporaire, d'autant plus écrasant, que déjà le prix du pain était épouvantablement élevé.

Ainsi, quand je vois, qu'encore à présent, il est des gens, d'ailleurs infiniment estimables et respectables sous tous les rapports, et du plus éminant mérite, se rappeler cette époque avec *complaisance*, et faire passer la conduite qu'on tint alors, comme le résultat d'une habilité supérieure, en fait d'administration commerciale, je m'étonnerais, si je n'en voyais aussi, qu'on dit être extrèmement sensés, et qui veulent encore faire passer la création de notre dette morte, comme un chef-d'œuvre en finances!!...

Qu'il me soit permis de citer à cette occasion, le spirituel et profond auteur des Dialogues sur le commerce des bleds, ouvrage qui fut écrit, il y a cinquante ans, ou environ :

„En fait d'économie politique, nous dit-il, un „seul changemeut, fait une différence immence : un „canal qu'on aurait creusé, une province acquise... „suffit pour obliger à changer entièrement de sys- „tême, relativement au commerce des bleds.

„Un pays, à peu-près sans territoire productif „comme la Hollande, ne saurait faire tort aux agri- „culteurs qu'il n'a pas ; comme il achète de l'étran- „ger, tout le bled dont il a besoin, il faut qu'il „accorde la liberté la plus entière, la plus absolue.

„Le bled, au contraire, est la richesse et le „revenu, de tous les habitans des pays fertiles „et agricoles, comme la Flandre : tandis que pour „les Hollandais, il est l'objet le plus fort de dé- „pence nécessaire."

„*Ainsi, ce qui convient à la Hollande, ne con-* „*vient pas à la Flandre.*"

„On ne doit d'ailleurs regarder comme superflue „ce qui peut nous servir encore ; et c'est un fort

„ mauvais marché, un commerce très-désavantageux, et
„ une mesure très-impolitique, que de vendre, et,
„ d'aller porter gratuitement à l'étranger, un bled,
„ inutile pour l'instant, mais dont on peut avoir be-
„ soin l'année suivante, et de le racheter peu de
„ tems après, bien plus chèrement.

„ Mais l'homme est timide, paresseux, habitudi-
„ naire; il se plait à continuer sur les anciens erre-
„ ments, sans regarder si l'état des choses est chan-
„ gé; et le bien que le véritable ami de son pays
„ peut faire, en pareille circonstance, c'est d'accé-
„ lérer le tems des corrections: car on ne pourra
„ jamais me persuader, qu'il ne soit pas permis de
„ dire, qu'une loi est mauvaise, dans un pays où
„ l'on a envie d'en faire de bonnes.''

Cette citation me parait, on ne peut plus applicable, et
à notre position actuelle et à la conduite que l'on
à tenue, en 1816 et 1817; et je me suis un peu
étendu sur ce sujet, parceque je devais bien m'expliquer pour bien me faire entendre, et pour ren-
verser d'emblée, tout ce qu'on ne craint pas encore
d'en dire, dans un sens différent, et favorable à cette
conduite.

Aussi reproche-t-on aux partisans d'un système prohibitif, que maintenant ils demandent une défense d'introduction, tandis qu'en 1816 ils demandaient une
défense d'exportation. Mais vous conviendrez, mon
cher Monsieur, que cela ne prouve autre chose, si-non
qu'ils sont conséquents à eux-mêmes, et qu'ils ont véritablement le sens commun et que la marche qu'a suivi le

commerce des grains depuis 1816, les met tout-à-
fait du bon bord.

Il est vrai qu'il abyme où l'opinion contraire nous a
entrainé, commence enfin à dessiller les yeux des partisans d'une liberté d'introduction indéfinie, et que les
plus *positifs* d'entr'eux, ne proposent plus, d'assurer
cette prétendue liberté à jamais, par un article addi-
tionnel à la constitution, n'importe le dégré de calamité
auquel notre agriculture se trouverait reduite ! ! . .

Il serait inutile de m'étendre ici, pour répéter,
ce que M. M. BARTELEMY, MODDERMAN, ANDRIN-
GA DE KEMPENAER, POUS, et le *rédacteur de la requête
des cultivateurs du canton de Stryen*, ont bien mieux
dit, que je ne pourrais le dire. Mais je vous demande
la permission de vous faire encore quelques observations tant sur le recueil publié par ordre du Roi,
que sur la question générale, qui s'y trouve agitée.

J'aurais désiré voir parmi ce recueil un mémoire
en faveur du système prohibitif, présenté à S. M.
en septembre 1823, par quelques négociants d'Amsterdam ; mémoire riche de faits et de raisonnements,
et qui n'aurait pu tendre qu'à éclairer cette importante matière. Vous en jugerez par l'analyse que
j'en donne ci-après.

Mais une bien grande vérité qu'exprime M.
ANDRINGA DE KEMPENAER, et qu'on ne saurait trop
méditer, *c'est qu'il n'existe plus en réalité de liberté
pour le commerce des grains, dans les Pays-Bas,
et qu'au contraire cette liberté existe, en Angleterre
et à Marseille, où le système d'entrepôts fictifs se
trouve établi.*

La position de l'Angleterre vient ici à mon secours D'après une lettre , dont ci-derrière la traduction , (lettre intéressante sous tous les rapports ,) de MM. Scott , Garnett et Palmer à Londres , dont la maison est reconnue pour être la plus puissante de l'Angleterre , dans le commerce des grains , il se trouve , en ce moment , un entrepôt fictif , dans les divers ports de la Grande-Bretagne , en froments importés avant le 13 mai 1822 , environ 500,000 quarters soit 50,000 lasts , qui pourront y être admis à la consommation , moyennant 17 shillings de droit par quarter , si le *prix commun* du froment , y parvient au taux de 70 shillings.

Eh bien! d'après un tableau qui a paru , dans un des numéros du courier anglais , du mois d'août 1823 , il n'a été importé , dans tout le dix-huitième siècle , qu'une seule année , environ 900,000 quarters , de fromens en Angleterre. Les plus fortes années d'importation n'ont été autrement , que d'environ 500,000 quarters ; et il n'y en a eu que trois ou quatre de cette importance. Il n'y en a eu d'ailleurs , qu'une seule , où il ait été exporté 600,000 quarters de froment. Après cela , les plus fortes années d'exportation n'ont été que de 400,000 à 500,000 quarters , et il n'y en a eu de même , que trois ou quatre d'aussi fortes. (*)

____

(*) *Je ne parle pas ici des importations , du 19e siècle , que la lettre de la maison , de Londres indique , attendu que , bonne portion des grains , importés en 1816 et 1817 en Angleterre , en ont été réexportés pour la France.*

« Et remarquez biens, monsieur le Baron, qu'à ces diverses époques, la Grande-Bretagne, et sur tout l'Irlande, ne produisaient pas à beaucoup près, ce qu'elles produisent maintenant : car, d'après l'aveu qu'en fit lord LIVERPOOL à la chambre des pairs, il est avéré que l'Irlande seule, fournit actuellement autant de grains à l'Angleterre, que toute l'Europe lui en procurait autre fois.

Ainsi, en supposant que le prix moyen du froment, vienne en Angleterre à 70 shillings, (chose peu probable à l'heure qu'il est) il y a tout lieu de penser, que les 500,000 quarters de froment, importés avant le 13 mai 1822, seront plus que suffisants, pour remplir le vide qui s'y serait manifesté.

Bien plus, ce froment en entrepôt, est un épouvantail pour empêcher la hausse : car nous savons tous, que si les disettes ne sont pas toujours imaginaires, l'imagination y joue toujours un grand rôle. Quand la crainte d'une disette de bled se répand, chacun veut en faire sa provision, et une provision outre mesure, comme, parmi les gens de finance, chacun resserre son argent, quand on croit prévoir une pénurie de numéraire.

Et cependant, cet état de choses, n'admettrait pas encore le froment arrivé en Angleterre depuis le 13 mai 1822, ni celui qu'on voudrait y envoyer : d'où il résulte, que le froment qui y est arrivé après cette époque, se trouve dans une cathégorie différente ; ce qui, par la différence du prix, auquel il se vend, le rend spécialement propre à être réexporté à l'étranger : difference d autant plus marquante, que la côté de nos prix, (comme le remarquent très-bien *les sig- nataires de la requête du canton de Stryen*, est fac- tice, nominale, et singulièrement boursoufflée ; ensorte que si on voulait vendre à Amsterdam, à la folle enchère, des quantités un peu fortes, on ne saurait prévoir à quel taux avili, on serait obligé de lâcher sa marchandise.

- Ainsi, qu'on établisse des entrepôts fictifs dans no- tre royaume, à l'instar de ceux d'Angleterre ; et, au- tant que la position de l'Europe le permettra, nous aurons, de préférence à l'Angleterre, les grains qu'on y envoye, non parceque nous les soignons mieux ; (*ce qui n'est point*,) mais parceque nous pouvons les garder, et les faire travailler à moins de frais. Et les deux comptes simulés de frais ci derrière, de Lon- dres et d'Amsterdam, prouvent combien il-y-a d'économie à préférer Amsterdam ; et Rotterdam est encore moins chèr, parceque on y évite les frais d'alléges.

Car, vous voyez bien, monsieur le Baron, que, pour le moment, nous n'avons nul espoir d'introduire des froments en Angleterre. Cela est même d'au- tant moins probable que si, par l'élévation du prix moyen à 80 shillings, l'introduction venait à y être permise, il y en arriverait de si immenses quantités, que l'imagination s'effraye, à en faire le calcul : je l'ai entendu évaluer à 5 ou 6 millions de livres sterling, par des juges tout-à-fait competentes. Et le gouvernemens Anglais est trop éminemment sage,

Il craint trop tout ce qui est précipité, pour permettre une révolution aussi subite dans un objet d'un importance aussi gigantesque. Au contraire, il ne craint jamais de modifier ses mesures d'après la position presente des choses, et de consulter sans cesse, ce que l'intérêt bien entendu de l'ensemble de la nation exige; il n'a, sous ce rapport, aucune fixité.

Et il y a encore bien moins de chance, pour que nous fournissions des grains à la France; les mercuriales des divers points de la France, sont là pour nous en convaincre. D'ailleurs les anciennes provisions en France, sont tellement fortes, l'agriculture y a fait encore tant de progrès, que ce ne serait guère que sur quelques points épars, qu'il pourrait y avoir des besoins; et si cela était, les bleds du nord de la France, et ceux de la Mer noire, auraient encore le pas sur nous.

Cependant, il n'est malheureusement que trop vrai, que s'il n'y a pas de besoins considérables, dans l'un ou l'autre de ces deux pays, nous ne pourrons guère espérer d'amélioration dans nos prix : car les besoins, d'aucun autre pays, ne sauraient être assez majeurs, assez prépondérants, pour produire une amélioration sensible : c'est ce que, dans tous les tems, l'expérience nous a appris ; et c'est ce qui maintenant serait encore plus vrai que jamais.

Je n'ignore pas que les maisons d'Amsterdam qui ont, en dernier lieu, signé une requête au Roi, en faveur de la liberté illimitée du commerce des grains, y disent, que la quantité de grains étrangers, qui se trouve en Hollande, n'est pas considérable.

En effet, d'après les rapports qui m'en ont été faits, il n'y a pas longtems, la quantité de grains en général, indigènes et étrangers, qui se trouve en magasin, tant à Amsterdam, qu'à Rotterdam et à Schiedam, peut se monter à

20,000 lasts de froment,
12,000 lasts de seigle,
8,000 lasts d'avoine,
et 3,000 lasts d'orge.

Et je conviens que ces provisions au premier apperçu, ne semblent pas éffrayantes. Celle du seigle surtout ne l'est point, puisqu'on évalue que, dans nos provinces septentrionales, les distilleries quand elles travaillent toutes, absorbent au-delà de 600 lasts de seigle par semaine.

Mais les quantités de froment, de seigle et d'orge, qui existent à Dantzig, à Köningsberg, à Elbing, à Libau, à Riga, à St. Pétersbourg, à Archangel, etc. et celles qui y arrivent sans cesse, et qui doivent y arriver encore, sont incomparablement plus considérables, et où iront-elles ?...

L'expérience nous prouve, déjà, depuis longtems, que malgré une provision qui autrefois eût été peu considérable, pour la Hollande, le commerce des grains à Amsterdam, et sur nos grands marchés, est pour ainsi dire nul, surtout pour le froment, faute de demande et de débouché ; et M. Andringa de Kempenaer, en nous montrant qu'en 1820, 1821 et 1822, il nous a été importé 70,987 lasts de froment, et qu'il n'en a été exporté, que 10,000 lasts, tandis qu'en 1823, le seul port de Londres a réexporté (sans compter les autres ports de l'Angleterre) 46,000 quarters de froment ; ce qui forme le triple de toutes les exportations de notre royaume en 1823.

Et rien d'étonnant, que les affaires soyent nulles sur nos grand marchés. Nos provinces subviennent par tout, par leurs produits, aux besoins locaux ; elles fournissent successivement de quoi remplir amplement les besoins des distilleries, en grains indigènes ; et elles gardent leur superflu chez elles, parce qu'elle l'y conservent à meilleur marché, qu'en l'envoyant sur les grandes places de commerce, Amsterdam et autres, où pourtant elle ne vendraient pas davantage.

Aussi sans débouché, comment le commerce aurait-il de l'activité ? Et comment en aurait-il surtout, quand il y a constamment en présence, des grains appartenants à des gouvernements étrangers, qui ne craignent pas de vendre à perte ?

Ce ne sont plus la Prusse et le Danemarc seuls, qui ont accordé la faculté de payer les impôts en nature ; la Saxe et d'autres états du nord, ont pris la même résolution. Et si nous continuons à suivre notre marche actuelle, nous verrons ici les mêmes résultats. Il faudra également que le gouvernement s'établisse de nouveau *marchand de grains*, en acceptant les impôts en nature ; et je demande si alors le commerce sera censé libre ! !

Le Danemarc vient même, malgré cette mesure,

de dégréver *l'impôt foncier* de 20 pour-cent; et dans la position actuelle des choses, cette diminution y est regardée, comme un grand bienfait. Aussi ne puis-je pénétrer, le motif admissible, pour lequel l'impôt foncier devrait être plus *immobile*, que tout autre impôt.

L'impôt foncier n'est pas immobile par son essence; il ne l'a jamais été; au contraire, depuis un demi siècle, et dans les derniers tems sur tout, il a éprouvé beaucoup d'augmentation; il a même augmenté d'un tiers depuis 1800, dans nos provinces septentrionales.

Aussi voyons-nous qu'à présent il subit des réductions successives, tant en Angleterre qu'en France, et qu'en France on en fait espérer de plus grandes.

En Angleterre, d'après l'ouvrage de M. CHARLES DUPIN, *sur le système de l'administration brittannique en 1822*, il a encore pu être réduit tout récemment, parceque, par la conversion d'une partie de la dette publique, de fonds à 5 pour-cent, en fonds à 4 pour-cent, et par la transformation des pensions viagères en annuités, le gouvernement a pu faire une économie de 3,300,000 livres sterling par an.

Il en résulte, qu'en Angleterre l'impôt foncier, ne se monte plus, qu'au *quarantième* de la totalité des contributions, et qu'il y est bien plus petit qu'en France.

Et c'est en réfléchissant, après de *tels exemples*, à toute l'importance de notre agriculture, que je ne puis concevoir qu'on veuille entièrement la *sacrifier*, à ce qu'on appelle *les intérêts du commerce extérieur.*

Comment! la valeur de la recolte de la seule province d'Est-Flandre, est estimée, année commune, à plus *de 20 millions de florins;* le produit de nos recoltes, excéde, en général, et de beaucoup, les besoins annuels de notre consommation; besoins qui, (en y comprenant ceux de nos distilleries,) sont estimés, d'après l'état général du Recueil, côté n°. 8, ainsi que je l'ai déjà rappelé plus haut, à 454,129½ lasts, tant en froment et seigle, qu'orge.

Et ce serait pour un commerce, maintenant devenu illusoire, pour une chimère, qu'on continuerait à sacrifier des intérêts aussi précieux! Car la provision des principaux marchés de la Hollande, telle que je l'évalue plus haut, de 20,000 lasts de froment, 12000 lasts de seigle, 8000 lasts d'avoine, 3000 lasts d'orge (encore en partie grains indigènes), ne vaut guère aux prix actuels, *qu'environ 5 millions de florins.*

Aussi me disait sur ce sujet, il n'y a pas longtems, le chef d'une des premières maison de la Hollande: c'est ainsi qu'une importation de 50,000 lasts de grains, pourrait faire gagner au pays, en droits, frais et commission, 20 florins par lasts, soit *un million de florins;* et qu'en réalité elle causerait au pays *dix millions de* florins de dommage.

Qu'il me soit permis de citer ici de nouveau, Galiani, l'auteur des Dialogues sur le commerce des bleds.

„ Le commerce intérieure des bleds, dit-il, de „ province à province, est tellement préférable,

» d'une telle importante, d'une utilité si supérieure
» à l'autre, qu'il n'y a pas de comparaison à faire
» entre les deux. . . . .

. « Rien de mieux qu'une liberté entière et absolue,
» peut faire fleurir l'agriculture, disent certaines
» gens. *Mais est-ce que la liberté d'acheter les
» marchandises étrangères, est donc la même chose,
» que de vendre les siennes ?"* . . . .

Un fait bien certain, et qui a été constaté dans
tout les tems, c'est qu'uue culture négligée, des
prix trop bas, ont presque toujours été les avant-
coureurs d'une grande chèreté.

Plusieurs de mes amis, dans les deux parties
du royaume, propriétaires fonciers (et vous êtes
de ce nombre, Monsieur le Baron,) ne cessent de
me dire, que leurs fermiers ne les payent presque
plus; que c'est même envain, qu'ils leur ont accordé
de fortes remises, et de fortes réductions; et un
riche capitaliste d'Amsterdam, m'apprit l'autre jour,
que faute d'avoir voulu laisser à 7 florins par *morgen*, des terres fesant partie d'une grosse ferme qu'il
possède dans la province d'Utrecht, dont jusques-là
on lui avait payé 37 florins par *morgen*, il avait
été obligé de les laisser en friche; personne n'avait
voulu lui en offrir d'avantage. (*)

____

(*) *M. Pous nous dit, qu'il y a* 100 *à* 150 *ans,
on abandonnait ses terres, et les donnait gratis,
pour ne pas devoir en payer l'impôt; que même on
fesait encore quelques cadeaux, par dessus le marché. Est-ce la le sort qui nous attend? . . .*

M. Roëll parle des dîmes pour prouver que les provinces méridionales ne doivent du moins pas se plaindre de l'impôt foncier, par ce qu'elles payaient la dîme autre fois, et que, dans le Brabant septentrional, où elle se perçoit encore, en partie au profit de l'état et en partie au profit de particuliers, la portion qui appartient à l'état, lui rapporte plus que l'impôt foncier.

Mais M. Roëll ne fait pas attention que depuis près de trente ans, la dîme a été abolie en Belgique; (*) ensorte que, non seulement la génération présente commence à en perdre le souvenir, mais que depuis lors, les terres ont été achetées et affermées, à un prix plus élévé, à raison même de cette abolition.

Il semble aussi, ne pas faire attention, que la dîme ne se perçoit que sur le produit *en nature* : de façon que si ce produit est minime, ou nul, la dîme l'est également.

M. Roëll admet la *possibilité* d'une mauvaise récolte; mais c'est vers le printems de 1822 qu'il parle; et à présent que nous sommes au milieu du printems de 1824, cette *possibilité* est peut-être encore fort loin de se réaliser.

Elle se réaliserait d'ailleurs, que, comme je l'ai déja prouvé, sans des *besoins immenses* pour l'étranger, elle ne produirait guère d'effet sur nos marchés,

____

(*) *C'est une observation, digne de remarque que, dans nos provinces septentrionales, en Suisse, en Écosse, en Irlande, et aux États-Unis, la dîme continue à exister, et à se percevoir.*

M. Roëll nous dit, qu'il faut penser à ce que l'honnête artisan ne paye pas le pain trop cher. C'était en 1816 et 1817, que cette sollicitude était de saison; mais maintenant!! . . . . .

Dans notre Royaume, tel qu'il est actuellement composé, avec un bon système pour le commerce des grains, nous serons toujours à l'abri de prix trop élevés; et nous devrons ce bien-être, cet état de sécurité, à notre réunion aux provinces méridionales.

On nous cite l'exemple de l'Angleterre; le tableau du recueil, côté F, tend même à nous faire voir, que depuis 1820, les prix d'Angleterre avaient successivement baissé, et qu'en 1822, ils ne présentaient plus qu'une légère différence avec les nôtres. Mais nous sommes en 1824, et j'ai devant moi le prix moyen en Angleterre, d'environ 65 shillings par quarter, soit 28 francs par hectolitre, ou 390 florins ordinaires par last! . .

Ce prix nous démontre, d'une manière tout-à-fait convaincante, que si en Angleterre on avait permis l'introduction illimitée des grains, l'agriculture n'aurait pas pu s'y relever comme elle l'a fait.

M. Roëll affirme que c'est la mauvaise qualité des grains, en 1821, qui était la cause des bas prix. Ceci au moins n'est plus vrai trois ans plus tard. . . . .

Il dit que c'est-là la raison pour laquelle il y a eu en 1822, entre l'un froment et l'autre, une différence de 100 pour cent. Mais cette différence existe presque toujours, sur les grands marchés; un simple coup d'œil sur la côte des prix-courants, en convaincra tout de suite.

Il parle encore des difficultés qui seraient accrochées à avoir des grains en entrepôt. La lettre ci derrière de MM. Scott, Garnet et Palmer à Londres, que j'ai déjà citée; et celle également ci-derrière, de M. Jean Luce, l'un des négociants les plus distingués de Marseille dans la partie des grains, (lettre encore forte intéressante,) feront disparaître ces difficultés.

Car, si elles sont regardées comme nulles, à Marseille, et surtout à Londres, où les affaires en grains sont bien plus importantes qu'elles n'ont été de longtems à Amsterdam, j'ose croire qu'elles pourront cesser de nous paraître redoutable.

Vous verrez de plus, Monsieur le Baron, par ces deux lettres, *qu'il n'est point vrai*, que les magasins d'Angleterre et de Marseille, où se logent les grains étrangers en entrepôt, y soient spécialement destinés à ces grains; et qu'au contraire, on y loge tout bonnement, les grains étrangers dans les magasins ordinaires, sauf quelques formalités.

Vous y verrez de même, que la difficulté que suppose M. Roëll, pour la diminution à laquelle la mesure des grains est sujette, se trouve être également illusoire.

L'exemple qu'il cite d'une maison à Amsterdam, qui avait reçu du froment, dont le poids avait diminué peu de tems après, n'est pas applicable à cette difficulté. Personne n'ignore que quand les grains perdent de leur poids, (et que ce ne soit pas par suite du dégat qu'y ont fait, les vers ou les charençons,) ils gonflent et prennent plus de volume; et cela arrive toujours, lorsqu'on ne les remue pas suffisamment, ou que l'humidité du magasin ou de l'atmosphère y exerce une trop forte influence : de manière que si la partie de grains dont parle M. Roëll a perdu de son poids, elle aura dû augmenter en quantité, dans la même proportion.

„Par un nouveau système et des restitutions, l'on „ fera," dit-il, „ disparaître l'ancienne confiance." Eh ! cette confiance a-t-elle abandonné l'Angleterre, malgré les restrictions, la prohibition qui y existent? Aussi est-ce avec beaucoup de justesse que M. Andringa de Kempenaer observe : „Qu-à „ l'avenir on ne travaillera pas avec nous, *par re-* „ *connaissance ;* qu'on ne travaillera qu'avec les mar- „ chés dont les prix présenteront le plus d'avantage."

Effectivement, ce serait bien mal juger tout négociant, qui entend ses intérêts, que de lui supposer une conduite differente, une conduite qu'on pourrait nommée *sentimentale*, et qu'on ne doit du moins pas attendre du grand nombre.

Vous savez, Monsieur le Baron, que j'ai été à même de connaitre, dans tous leurs détails, les achats extrêmement majeurs, qui furent faits pour le gouvernement Français en 1816 et 1817, en Belgique, en Hollande, en Angleterre et dans tout le nord ; achats qui se sonts montés à près de 40 millions de francs.

Eh bien ! il n'en a été effectué qu'une partie relativement minime, à Amsterdam, à Rotterdam, et dans la Belgique; la majeure partie de ces achats se sont faits, tant en Angleterre, que dans les ports de la Baltique, même en partie à St. Pétersbourg, parcequ'on trouvait à les effectuer sur ces divers points, pour de plus grandes masses, à meilleur marché et plus convenablement; et je ne *crains* pas d'avancer ici, qui dans cette circonstance, le gouvernement français, dont la confiance a été *entière*, a été servi *avec intelligence et la plus sévère probité*.

Ainsi, dès-lors, Amsterdam n'était plus, comme on veut le nommer, *le magasin à grains de l'Europe*. Mais MM. les partisans de la liberté indéfinie du commerce des grains, se placent sans cesse sur un *faux terrein*. Ils s'imaginent, être, ce qu'ils ne sont plus; et assurément ce n'est pas là le moyen de raisonner juste.

„Si," dit M. Roëll, „ on met des restrictions „ à la libre introduction des grains étrangers, ces „ grains n'auront plus de prix." Ils en auront au-moins autant dans notre royaume, que partout ailleurs; et les grains étrangers ne seront du moins pas employés de préférence aux grains indigènes ; ceux ci conserveront des prix, une valeur, réalisables ; et l'étranger ne sera plus admis en concurrence de manière *à écraser entièrement le regnicole*.

Je relis en ce moment, une suite de raisonnements de la majorité de la commission, et je suis frappé de leur extrême justesse; justesse que les évènements ont prouvée.

Aussi suis-je bien de l'avis de la majorité de la commission, relativement à nos distilleries. Si le seigle et l'orge séchés, de Russie, leur conviennent davantage, il est *incontestable* que sous le régime français, elles ont du s'en passer; et, par cela même que les ⅔, à-peu-près du genièvre, qui se fabrique, se consomment dans l'intérieur du royaume, ainsi qu'il m'a été assuré de très-bonne part, je ne vois pas de motif suffisant, dans la position extrêmement fâcheuse où se trouvent nos propriétaires fonciers, pour qu'elles continuent à employer des grains étrangers.

Un tiers du genièvre qui se fabrique serait exporté, comme le suppose M. ROËLL, que je croirais ne pas devoir le moins du monde changer d'avis sur ce sujet. Les exportations, qui en avaient lieu, sous le régime français, nous servent de garantie, contre le dommage que nos distilleries pourraient en éprouver; et si celles-ci employent des grains indigènes, *quelle n'en sera pas la différence pour la balance de notre commerce ?...*

Ainsi, j'aurais bien de la peine à me ranger ici du côté de l'opinion de M. ANDRINGA DE KEMPENAER; et si la mesure qu'il propose n'est pas exécutable, comme je le crains, je persiste dans mon opinion, qu'il faut défendre aux distilleries, l'usage de tout grain étranger, d'autant que *quelques milliers de lasts*, de seigle et d'orge, consommés de plus ou de moins, par les distilleries en grains indigène, forment un objet extrémement considerable. (*)

(*) *Serait-il vrai, comme on l'a assuré, qu'il entre dans nos provinces méridionales, sans payer*

Je passe ici une suite de remarques de M. Roëll, sur le systême suivi par l'Angleterre, et sur les variations que ce systême y a éprouvées : *car ce sont précisément ces variations, comme je l'ai déjà dit, qui nous décèlent la haute sagesse du gouvernement anglais.*

Aussi l'acte de navigation n'est plus maintenu, tel qu'il fut établi par Cromwel ; on l'a *fort sagement modifié,* en faveur de plusieurs pays : ce qui n'empêche pas que cette mesure n'ait été dans le tems, la base, le principe, de la prospérité commerciale, et de la prépondérance navale de l'Angleterre ; et qu'elle ne soit encore maintenue, dans toute sa rigueur, envers certains pays, et notamment envers le nôtre, comme l'observe très bien M. MODDERMAN.

---

de droits et en fraude, beaucoup de genièvre, venant de France ? Et m'aurait - on également dit vrai, en m'affirmant, qu'il y a dans nos provinces, comme en France, des assureurs *qui se chargent d'introduire en fraude des marchandises, ou prohibées, ou grévées de droits très élevés ; mais que, pour faire entrer dans notre royaume des étoffes de France, il ne faut payer à ces assureurs que 4 pCt. de prime, tandis que pour faire entrer des Pays - Bas en France, des étoffes du même volume, la surveillance du côté de la France est si grande, qu'il faut en payer une prime d'assurance de 33 pCt. ! !*

Ainsi, nous ne pouvons envoyer de grains en Angleterre, par des batimens de notre pavillon, que pour autant que ces grains soyent de notre pays: autrement nous ne pouvons y envoyer de grains, que par des batiments anglais, ou du pavillon du pays dont ces grains sont originaires.

„ Les prix, dit - on, „ sont, en général, moins „ élevés en France, que dans les Pays - Bas." Mais M. BARTÉLEMY nous prouve très bien et très clairement le contraire, et que, *sur aucun point de la France*, les prix du bled, ne sont, à beaucoup près, aussi bas, qu'ils sont, et encore *nominalement*, dans notre royaume; et que sur plusieurs points de la France, ils sont infinement plus élevés.

D'ailleurs, il ne faut pas prendre pour base, les prix des provinces éloignées, où la communication par eau n'existe pas. On n'a qu'à essayer de transporter par terre, un seul last de froment; on sera tout ébahi de l'énormité des frais qui en résulteront. C'est ainsi que, dans la disette de 1816 et 1817, on a fait venir par terre, à Strasbourg, des grains de Marseille; ils ont, je crois, couté le triple du prix d'achat.

Aussi - est - il incontestable, que si l'introduction des grains étrangers, était permise en France, sur bien des points, les prix seraient encore plus bas qu'ils ne sont. Eh ! ne voyons - nous pas sur les marchés de l'intérieur de la Flandres où l'on n'achète que pour les besoins de la consommation *locale*, des bleds de Pologne et du

seigle de Prusse, venir en concurrence, avec
les grains, qu'apportent les fermiers des environs.

M. Roëll se réfère au tableau I. du recueil,
pour nous faire remarquer, que lors de la période
cadastrale à Anvers, et dans la partie de la Zélande,
qui était réunie à la France, les prix des grains
étaient à 30 pCt. au-dessous de ceux de Bois-le-duc,
et de la partie hollandaise de la Zélande.

Mais ceci ne prouve autre chose, si-non que par
la défense de sortie de la France, les prix y étaient
plus bas qu'en Hollande, où la sortie était permise.
La *possibilité*, sans cela, qu'entre les marchés d'Axel
et de Middelbourg, l'activité du commerce eût pu
tolérer une différence aussi forte?

Je ne comprends pas non-plus, comment M. Roëll
s'étonne, que les bas prix des grains, ayent de
l'influence sur ceux du beurre, du fromage, des
colsats et autres objets, comme s'il n'y avait pas une
liaison directe entre tous les produits de la terre!

Il est évident, que si, en fesant du beurre et du
fromage, ou en plantant des colsats, je puis espérer
gagner davantage, qu'à cultiver des céréales, j'aban-
donnerai en partie la culture de celles-ci; et il est
tout aussi évident, que si beaucoup de cultivateurs
agissent de même, le beurre, le fromage et les
colsats, doivent diminuer de prix, du moins dans
les mêmes circonstances, et hors le cas d'une mauvaise recolte des colsats,

C'est aussi ce qui a eu lieu, dans diverses parties de notre Royaume, et notamment en Frise, les bas prix des grains, surtout des avoines, y ont fait convertir beaucoup de terres cultivées en prés.

Ainsi il est très-vrai que l'abondance des récoltes fait baisser le prix des produits de la terre; cela ne saurait être revoquée en doute. Et par une consé-quence toute naturelle, des *arrivages illimités*, de pays où les prix de ces produits sont encore plus bas, ne peuvent manquer d'écraser entièrement les nôtres.

. M. Roëll nous renvoye au tableau G. du recueil, pour nous faire voir, que parmi les marchés du Royaume, c'est sur ceux de Hollande, de Zélande et d'Est - Flandre, que les prix ont été les plus élevés.

Mais c'est aussi dans ces provinces, que se trou-vent les marchés les plus considérables, les seuls à peu-près, excepté Anvers, (Anvers n'est dans ce cas que depuis quelques années ,) que l'on puisse véritablement nommer, en fait de haut commerce.

Autrefois, le marché d'Amsterdam, fesait souvent plus d'affaires dans un seul jour, que vingt autres marchés réunis, n'en font dans toute une année. Et vous n'ignorez pas, Monsieur le Baron, que quand en Belgique ou veut acheter de fortes parties de grains, on laisse-là les marchés, et on s'adresse, par le moyen de courtiers ou de facteurs, aux grands détenteurs, qui se trouvent répandus dans le pays.

Je remarque ici, qu'on employe souvent dans le

Recueil l'expression de *prix artificiels*. Mais tout,
à peu près, est artificiel dans la société. Nos de-
meures le sont; nos vêtements le sont; notre langage,
nos habitudes le sont. Le pain, la nourriture la
plus générale de l'homme, n'est-elle pas artificielle?

Et quand le gouvernement fait acheter ou vendre
des grains, le prix n'en est-il pas encore artificiel,
dans le sens des mêmes écrivains?

Aussi, pour ma part, je préfère les prix *artificiels* de l'Angleterre, aux prix soi-disant naturels de
notre Royaume, *parcequ'ils empêchent la ruine de
l'agriculture, et assurent en même tems la liberté
du commerce.*

Mais je n'en finirais pas, Monsieur le Baron, si
je voulais suivre de point en point, les arguments
du recueil; et je crois bien que vous m'en ferez
grace.

Je ne puis pourtant passer sous silence l'opinion
de LL. EE. MM. FALCK et DE CONINCK, que
l'or et l'argent seraient devenus plus rares, en Europe, et notamment en Angleterre, et aurait, par
conséquent, augmenté de valeur, et influé sur le bas
prix des grains.

La hausse qui, depuis lors, s'est déclarée en Angleterre, semble démentir cette supposition, qui n'est
pas non-plus celle du ministère anglais. Aussi li-
sons-nous dans l'écrit officiel, intitulé : *Tableau de
l'administration de la Grande-Bretagne et de l'Irlande, au commencement de* 1823, dans la traduction
faite, sur la 4me édition anglaise :

„ C'est une question, si la diminution dans le
„ prix des denrées, doit nécessairement être attribuée
„ à la chèreté de l'argent, ou si on ne pourrait pas
„ l'expliquer plus naturellement par la surabondance
„ évidente de toutes les denrées, sur tout les mar-
„ chés. Les ministres persistent dans cette dernière
„ opinion, et ils y sont confirmés, en voyant que
„ tous les gens versés dans la matière, sont du même
„ avis; et plus particulièrement encore à l'égard des
„ produits agricoles par l'expérience de tout les pays:
„ car dans tout les pays, il existe une même cause,
„ pour répondre au même effet."

Et nous y lisons un peu plus loin:
„ Si nous considérons notre situation relativement
„ à celle des autres pays de l'Europe, l'état actuel
„ de notre commerce nous mène à deux conséquences
„ importantes; la première que les demandes de
„ marchandises anglaises augmentent par-tout; la
„ seconde que cet état prospère est dû à des cir-
„ constances, qui defient la concurrence des manu-
„ facturiers étrangers."

Et je suis porté à croire, que, de même que la
prospérité de l'Angleterre, grâce à son système
prohibitif et à la supériorité qu'il lui a assuré,
n'a jamais été ce qu'elle est, et qu'elle augmente,
de semaine en semaine, de même le numéraire n'a
jamais été aussi abondant en Angleterre, qu'il l'est
à présent.

Il n'y a qu'à voir à quels emplois les capitalistes
anglais s'estiment heureux de pouvoir consacrer l'exu-

bérance de leur numéraire. Il n'est pas de nation à
laquelle ils n'en prêtent, et dans une proportion
bien autrement colossale, que ne la fesait autrefois
la Hollande. (*)

L'Article suivant extrait du Courier Anglais de
janvier dernier vient également à l'appui de mon
opinion.

„ L'ensemble du commerce de l'Angleterre, avec
„ toutes les parties de la terre, se monte annuelle-
„ ment à 13,500,000 livres sterling.”

„ Tous les ans, 2,500,000 livres sterling sont
„ envoyés au Bengal; et la majeure partie de cette
„ somme, y va en droiture, de l'Asie elle-même
„ et de l'Amérique.”

„ L'Europe et les Etats-Unis, envoyent annu-
„ ellement, environ 500,000 livres sterling à Cal-
„ cutta, dont environ 460,200 livres viennent de
„ l'Angleterre, et 140,000 livres sterling de l'A-
„ mérique.”

„ C'est surtout de *l'argent en barres* qu'on y
„ doit à l'Angleterre, et les navigateurs marchands
„ peuvent obtenir en Angleterre des lettres de change
„ sur les Grandes-Indes: ensorte que d'ici en dix
„ ans, l'Europe n'y enverra plus d'argent.”

„ Ce que l'Amérique peut encore y envoyer,
„ se monte en tout à environ 700,000 livres ster-

(*) *J'ai oublié à combien de millions livres ster-
lings par an, on évalue, le solde, en faveur de
l'Angleterre, de son commerce avec les colonies espag-
noles.*

„ ling; mais ces envois ne sont pas en rapport
„ direct avec nos affaires financières de l'Europe.''

„ Les revenus du gouvernement des Grandes-
„ Indes, dépassent maintenant les dépenses *d'un*
„ *million* de livres sterling; et tandis que le com-
„ merce anglo-chinois exigeait depuis 1788 jus-
„ qu'à 1807, année commune, 1,408,697 onces
„ d'argent, tout le solde s'en paya en 1821 et
„ 1822, par 47,000 piastres.''

„ Dans le même laps de tems, il s'expédia, d'a-
„ près les livres de la compagnie des Indes,
„ 32,633,999 onces d'argent pour les Grandes-In-
„ des, et 25,765,240 onces pour la Chine, ou,
„ l'un portant l'autre, 3,126,276 onces par an; et
„ maintenant tout ces envois d'argent ont cessé.''

„ Ainsi, l'on ne doit plus craindre que l'Euro-
„ pe s'appauvrisse; au contraire, ce sera l'A-
„ sie qui lui renverra successivement et par por-
„ tions, l'argent que l'Europe lui a envoyé autre-
„ fois.''

Au reste, ceci n'est qu'une question spéculative,
et je n'en fais mention, qu'à raison de la source
dont elle dérive.

Je me résume, et sauf la question des distilléries,
je me conforme volontiers à l'opinion de M. AN-
DRINGA DE KEMPENAER.

Voilà mon avis, que vous m'avez demandé,
Monsieur le Baron; vous en ferez l'usage que vous
jugerez le plus convenable, auprès d'un monarque
extrêmement éclairé, d'une haute sagesse, véritable

père de ses sujets ; qui ne respire que le bien-être
de tous, qui ne désire rien de plus, que de procu-
rer à chacun des habitans de son beau royaume,
la plus grande somme de bonheur possible.

Adieu, Monsieur le Baron ; recevez, je vous prie
l'expression bien sincère de tous mes sentiments.

* * *

Le 22 Mai 1824.

PS. Après avoir écrit ma lettre, j'ai vu, par les
journaux, que des plaintes ont été adressées au parlement anglais, sur ce que par des *marchés fictifs*,
on fesait monter le prix des grains, afin de les faire
arriver plutôt à la limite, à laquelle ceux de l'étranger pourraient être admis ; et que le ministère a
répondu que, peut être, il faudrait changer le dernier *corn-bill*, et substituer des droits d'entrée
(*gradués* sans doute) à la limite qui existe maintenant.

Ainsi, ces prétendus marchés fictifs à la *hausse*
sembleraient *tendre à la baisse*, et être dans l'intérêt de ceux qui ont des grains en entrepôt fictif.
Et sans examiner ici, si ceux qui ont un intérêt
contraire, les propriétaires de grains indigènes,
seraient assez *ignares* pour ne pas riposter par des
marchés fictifs opposés, dans un pays où l'on est
généralement aussi éveillé qu'entendu, et où on l'est
assurément assez, quand il n'y va que de *finesses*
de cette *épaisseur* ; sans faire cet examen, dis-je,

Nous pouvons du moins en conclure, ce me semble, que la hausse qui existe en Angleterre ne doit pas être *trop factice*, puis qu'autrement on ne chercherait pas à y provoquer l'admission d'environ 500,000 quarters de froment étranger qui, pour être reçus dans la consommation, lorsque le taux moyen du froment sera venu à 70 *schillings*, y sera encore passible du droit énorme de 17 *schillings;* lequel droit rendra 70 égal à 53, et se montera, par conséquent, à bien près de 25 pour cent, sur le premier prix.

Mais, ce qui me frappe dans la réponse du ministère, c'est qu'elle fait déjà entrevoir, ce que je dis plus haut, *qu'il pourrait être établi de nouveaux droits*, et que, si le froment arrive au prix moyen de 80 *schillings*, il ne sera plus admis *sans droits*, comme il le serait d'après la loi actuelle.

- Ainsi, loin de se relâcher, sur ce point, de son système prohibitif, l'Angleterre semble vouloir s'y confirmer davantage : car, de vous à moi, mon cher Baron, je regarde des *droits élevés*, et des *prohibitions, comme bien proches parens ;* et je crois que vous pardonnez de bien bon cœur à l'Angleterre *de s'être immensément enrichie* (contre les règles d'une école dont je ne suis pas l'adhérent) *par le système prohibitif;* système qui, plus ou moins étendu, ou modifié, ou appliqué à propos, et toujours calculé d'après les circonstances, à été le signal, le stimulant, le compagnon fidèle de sa prospérité progressive ; prospérité telle que l'imagination la plus féconde n'aurait pu la créer, et qu'on ne saurait s'empêcher de lui payer le tribut de la plus haute admiration.

Peut-être même, la réponse du ministère anglais a-t-elle un sens encore plus direct; car nous savons que, *n'importe* la marche du prix des céréales, et *à moins d'une nouvelle loi*, l'admission de ceux importés avant le 13 Mai 1822, ou importés depuis, *ne peut plus avoir lieu avant la mi-août.*

Ainsi, il serait très possible que le ministère anglais eût *entendu* qu'il y aura même augmentation sur le droit monstrueux de 17 schillings, qui existe pour l'introduction des fromens, arrivés avant le 13 mai 1822, au cas que, pendant six semaines, *sans interruption*, et *immédiatement* avant la mi-août, ce céréale ait atteint le taux moyen de 70 schillings.

Je ne comprends donc pas, comment MM. les partisans du commerce illimité trouvent, ici matière à adresser des remercimens au gouvernement anglais; et je me plais à croire que ce *gouvernement hospitalier* ne se refusera pas de continuer à héberger de malheureux grains qui, ne sachant que devenir et trouvant, en Angleterre, le *cens* obligé, pour être *citoyens*, trop élevé, se presenteront pour y attendre au moins un meilleur sort, et qui, en jetant l'ancre, ne demanderont autre chose, tout en donnant des *gages* pour le payement de leurs *frais de séjour*, qu'à être.. *tolérés* !...

Et, si ce gouvernement, ami et voisin du nôtre, pouvait être assez *destitué de pitié* pour repousser ces *infortunés , battus par les flots ;* malgré le *pé-cule* qu'ils lui apporteraient , ce serait alors qu'il éta-blirait une prohibition , à laquelle je n'applaudirais point , contre laquelle je me récrierais !! ....

Au reste, quand je prône le système prohibitif , il est tout simple , que je n'entends pas *la prohi-bition de ce qui peut nous être utile, mais de ce qui peut nous nuire*, et au contraire, que j'entends, *l'encouragement de ce qui peut nous être utile :* en un mot, et quelque *abnégation* que l'on aime à attendre *à l'avenir* du gouvernement anglais , le système de ce gouvernement, *en faveur de ses sujets,* et aussi celui du gouvernement français , *en faveur de ses sujets,* dans toute leur étendue. (*)

(*) *Je viens de voir un mémoire adressé au Roi, le 24 mai 1824, par des propriétaires et cultiva-teurs de la province de Liège , et j'y remarque , sans surprise, que dans cette partie du royaume, on comp-te déjà par douzaines , les fermiers , naguère opu-lent , qui sont réduits à la mendicité , et que beau-coup de propriétaires vont y partager le même sort !*

Je viens aussi de voir l'état officiel, de nos impor-tations et exportations de grains. Cet état annonce qu'il nous a été importé en 1823 , 16,047 lasts de froment, 26,507 lasts de seigle, 12,658 lasts d'orge, et 4.238 lasts d'avoine ; et que nous n'avons exporté en 1823 , que 2,607 lasts de froment , 954 lasts de seigle , 2,202 lasts d'orge, et 2962 lasts d'a-voine ! ! ! !

CONTENU SOMMAIRE

DU

MÉMOIRE

En faveur de mesures restrictives contre la liberté illimitée du commerce des grains, présenté en septembre 1823, par quelques maisons d'Amsterdam.

Après avoir établi pour principe; " que si tous „ les autres pays rendent des lois prohibitives rela-„ tivement au commerce des grains, le nôtre doit „ en faire autant, " les signataires de ce mémoire disent en substance :

„ Qu'en 1822 le nord de la France a pu suffire aux besoins du midi, du même royaume, sans qu'on y ait dû recourir à l'etranger.

„ Que déjà Amsterdam n'est plus l'ancien marché intermédiaire, pour les diverses nations de l'Europe.

„ Que les villes Anséatiques n'ont pas de débouché à l'intérieur, et que les nombreux magasins d'Amsterdam n'y existent pas : en sorte que la liberté indéfinie du commerce des grains, y est illusoire, et ne saurait nuire au commerce d'Amsterdam, quoique cette liberté y soit restreinte.

„ ~~Qu'en 1822 et 1823~~, l'Angleterre a été à même d'expédier des grains étrangers , qui y étaient à l'entrepôt ; faculté dont nous avons été privés , par le taux, *du moins nominalement* , plus élevé de nos prix.

„ Que la transition subite, d'une libre introduction à une défense absolue d'introduire, ne saurait jamais faire autant de mal , que la prolongation d'une libre introduction ; et que la tendance vers les prix , qui donnent lieu à pareille transition , en avertit toujours suffisamment à l'avance.

„ Que la défense d'introduire en d'autres pays , augmente l'introduction dans le nôtre , et, par cela même , en empêche l'exportation.

„ Qu'en Dannemarc et en Prusse , le gouvernement accepte des grains , en payement des contributions ; et que , par cela même , ces deux gouvernements , sont forcés d'écouler à *tout prix* , les grains qu'on leur a versés de la sorte.

„ Que les dits gouvernements ont même déjà vendu de ces grains à Amsterdam, *avec 50 pCt. de perte sur le prix auquel ils les avaient reçus.*

„ Que cet état de chose explique , comment il continue à arriver en Hollande, des grains, expédiés de divers ports du nord et de la Baltique, d'autant qu'il faut bien que les gouvernements , qui acceptent des grains *comme numéraire* , finissent par les réaliser.

„ Que par-conséquent ces deux gouvernements continuent à faire, ce que ne pourraient continuer à faire des particuliers, *un commerce qui, laisse de la perte;* et que, jusqu'à présent, il n'y a pas de raison, pour que ce commerce vienne à cesser.

„ Que pourtant le Dannemarc et la Prusse font encore mieux, que ne fesait autrefois la compagnie des Indes-Orientales, qui brulait certaine quantité d'épiceries pour en maintenir le prix.

„ Que d'ailleurs ils expédient les grains, qui leur ont été *payés comme contribution*, par des navires nationaux : de façon que quand le net produit serait nul, ils y gagneraient encore le fret.

„ Qu'il est notoire que le prix d'Amsterdam, règle celui de tous les marchés du Royaume ; ensorte que si les prix baissent à Amsterdam, ils baissent par tout ailleurs.

„ Que le genièvre, bien qu'un peu plus cher, trouvera toujours du débit à l'étranger, *attendu qu'il doit y être considéré, comme un objet de luxe.*

„ Que par une libre importation de grains, sans exportation, le spéculateur s'éloigne de nos marchés, vu surtout qu'il y serait le *concurrent* de gouvernements, négociants bien plus *robustes* que lui.

„ Qu'il en résulte également, qu'il n'est pas possible de vendre, de fortes parties de grains.

„ Que si la navigation gagne à la libre importation des grains, c'est surtout la navigation étrangère, attendu que les navires qui nous en apportent, sont ou Danois, ou Prussiens, ou Mecklenbourgeois.

„ Que peut-être les distilleries auraient le droit de plaider en faveur du commerce illimité des grains ; mais que depuis les dernières années, c'est dans l'intérieur du royaume qu'elles trouvent leur principal débit; que *partout à l'étranger, même aux États-Unis*, il existe des droits d'entrées pour le genièvre, tellement élevés, qu'ils équivalent à une *prohibition*.

„ Qu'assurément il serait à désirer que le gouvernement diminuât *l'impôt foncier*; mais que, quand même le gouvernement s'y déciderait, beaucoup d'agriculteurs ne pourraient exister, du moins dans quelques provinces septentrionales, où l'entretien des digues et des moulins à eau, est déjà si dispendieux.

„ Que dans ce cas-ci nous ne devons pas craindre les représailles d'autres nations ; qu'au contraire, la défense de l'introduction illimitée des grains, serait plutôt considérée, comme une représaille de notre part.

„ Que par-conséquent des mesures prohibitives à cet égard, sont fort à désirer.

„ Que la recolte de 1822 a été petite, et que malgré cela nos prix sont resté fort bas.

„ Que déjà, depuis plusieurs années, des spéculateurs et des cultivateurs puissans, ont attendu en vain après un prix moyen, pour vendre leurs grains, en subvenant aux besoins de la consommation ; mais que les importations de l'étranger n'ont cessé d'y mettre obstacle.

„ Enfin, que si le Roi veut bien faire prendre les mesures convenables, pour restreindre la libre introduction des grains, les signataires supplient S. M. qne ce soit promptement et brusquement, afin que dans l'intervalle il n'arrive pas encore des quantités tellement fortes, qu'elles finiraient par achever la ruine de maint négociant et de maint cultivateur,

---

TRADUCTION

de l'anglais d'une lettre de M. M. SCOTT, GARNETT *et* PALMER *à Londres, du 3 février* 1824.

Nous allons répondre, Monsieur, le mieux que nous pourrons, aux diverses questions que vous nous adressez.

Ire QUESTION: „ Quelle est la quantité de froment et d'autres grains, qui se trouvent en entrepôt, (*under King's lock*) dans les trois Royaumes ? "

RÉPONSE : Nous ignorons s'il reste du froment en entrépôt en Irlande ; mais, dans la Grande-Bretagne, il se trouvait, au 5 janvier 1823, d'après les rapports officiels, faits au parlement, savoir:

48,906 ³/₈ quarters d'orge,
16,968 ⁷/₈ ,, ,, de fèves
1,925 ⁶/₈ ,, ,, de maïs
140,126 ⁷/₈ ,, ,, d'avoines
8,572 ⁶/₈ ,, ,, de pois
5,849 ⁶/₈ ,, ,, de seigle
581,583 ⁴/₈ ,, ,, de froment
et 77,193 ⁶/₈ barrils de farine.

Depuis, les quantités ont diminué de quelque chose par des expéditions faites pour le Portugal, la Méditerrannée et l'Amérique. Nous ne pourrons indiquer au juste l'importance de cette diminution, que lorsque le rapport légal en sera fait. Mais nous évaluons encore la quantité du froment en entrepôt, importé avant le 13 mai 1822 à environ 500,000 quarters, et à quelques milliers de quarters celui importé depuis lors.

2me. QUESTION: ,, Quelle est la quantité de grains et de farines, arrivée de l'étranger, dans les trois royaumes, depuis 1813?"

REPONSE: Ici encore nous ne saurions donner aucune information, quant à l'Irlande: mais voici les arrivages qui ont eu lieu dans la Grande-Bretagne, depuis 1813, jusqu'en 1821.

TABLEAU,

De la quantité, de grains et de farines, arrivée de l'étranger, dans la Grande-Bretagne, depuis 1813 jusqu'en 1821.

	1813.	1814.	1815.
Froment et farines, reduits en quarters	128,664.	341,846.	623,956.
Avoines,	15,109.	60,456.	250,157.
Orges,	40,405.	19,708.	28,687.
Fèves,	16.	950.	37,654.
Pois,	661.	7,256.	9,306.

	1816.	1817.	1818.
Froment et farines, reduits en quarters	192,449.	209,655.	1,029,038.
Avoines,	120,475.	75,278.	478,008.
Orges,	2,059.	14,865.	133,793.
Fèves,	11,943.	24.	3,559.
Pois,	1,187.	879.	13,147.

	1819.	1820.	1821.
Froment et farines, reduits en quarters	1,582,878.	469,658.	587,195.
Avoines,	986,795.	585,683.	681,538.
Orges,	695,623.	372,346.	28,671.
Fèves,	115,944.	186,724.	10,760.
Pois,	61,997.	42,004.	8,453.

Le tout quarters, mesure de Winchester.

Nous n'avons pas eu de rapport *général*, pour les années 1822 et 1823; ainsi nous ne pouvons vous indiquer, pour ces années, que les arrivages au port de Londres. Ils ont été:

En 1822 de

12,282 quarters froment.
29,500 „ d'avoines
12,032 „ d'orge.
2,530 barrils farine.

En 1823 de

1,960 quarters froment
8,165 „ d'orge
6,226 barrils farine
point d'orge . . . .
62 quarters de pois.

3me. QUESTION : „ Quelle est la quantité de fro-„ ment, qui arrive à Londres, le *long des côtes* et „ *de l'intérieur*, chaque année ?"
RÉPONSE : Londres étant une place d'emmaga-sinement, où les provisions s'accumulent habituelle-ment de manière à pouvoir satisfaire à une demande imprévue, il est évident que les arrivages de grains doivent y varier beaucoup, de l'une année à l'autre. Ainsi nous nous bornerons à vous indiquer nos ar-rivages, de froment de la Grande-Bretagne et de l'Ir-

lande, pendant les trois dernières années, d'où vous pourrez juger vous-même de cette différence:

trimestres de 1821. *quarters froment.* *sacs de farine.*

1r.	„ „	127,546	119,915
2me.	„ „	87,287	95,510
3me.	„ „	120,423	101,573
4me.	„ „	158,464	130,761
1r.	„ 1822.	135,881	128,273
2me.	„ „	100,593	97,800
3me.	„ „	117,217	92,551
4me.	„ „	105,879	122,367
1r.	„ 1823.	94,490	133,377
2me.	„ „	89,762	130,990
3me.	„ „	103,046	107,036
4me.	„ „	88,309	114,561

Mais ces quantités ne peuvent servir de mesure exacte de la consommation, attendu que beaucoup de froment importé à Londres, s'en trouve exporté de nouveau, ou acheté par des meuniers de l'intérieur du pays, qui, après l'avoir réduit en farine, le rapportent à notre marché.

Nous devons aussi vous faire observer que le marché de Londres se trouve encore alimenté de fortes parties de farines, qui y arrivent *par terre* de divers endroits; farines qui ont été faites de froment acheté sur les marchés de l'intérieur, dont aucune note n'est tenue officiellement, et qu'il faut par conséquent encore ajouter, à la quantité de farines, que nous vous indiquons.

4me. QUESTION : „ Quelle quantité de froment „ et d'autres grains, regarde-t-on comme nécessaire, „ dans l'espace d'une année, pour les besoins des „ trois royaumes ?"

RÉPONSE : Plusieurs écrivains, sur l'économie politique, soutiennent que sur *l'ensemble* de la consommation du froment, il en faut *un quarter* par an par individu, en prenant les hommes, les femmes et les enfans, ceux qui mangent beaucoup, comme ceux qui mangent peu.

D'après cette théorie, connaissant le nombre des habitans d'un pays, il serait aisé d'en calculer l'exacte consommation. Mais l'expérience nous prouve la futilité de ces calculs spéculatifs, et que les classes laborieuses, qui consomment le plus de pain, peuvent manger beaucoup de pain si elles en ont beaucoup ; mais peuvent également *exister* avec une quantité beaucoup moins considérable, si la dureté des tems les y oblige.

Aussi, en pareil cas, les prix relatifs des pommes de terre, et d'autres aliments qui remplacent le pain, exercent une grande influence, en plus ou en moins, sur la consommation du froment.

Or, ne fixons notre attention, que sur l'énorme différence que produirait, l'augmentation ou la diminution de $\frac{1}{10}$ ou de $\frac{1}{8}$ de quarter par individu, sur la quantité totale de la consommation des trois royaumes ; et vous conviendrez avec nous, qu'il n'est guère possible de donner une réponse positive sur cette question.

5ème Question : „ Le grain en entrepôt (*under*
„ *King's lock*) se trouve - t - il emmagasiné dans les
„ greniers ordinaires, ou, sur des greniers qui
„ sont spécialement destinés à loger les grains
„ étrangers ? "

Réponse. Les grains en entrepôt, peuvent se
loger, dans tout magasin quelconque, pourvu qu'il
soit approuvé par les officiers de la douane, comme
à l'abri de tout transport clandestin : aussi les loge-t-
on dans les mêmes magasins où se logent les grains
indigènes.

6ème. Question : „Comme les grains diminuent en
„ quantité, après avoir été emmagasinés pendant quel-
„ que tems, comment faites-vous pour reproduire
„ la quantité que vous avez reçue ? "

Réponse : Comme personne n'ignore , que la
quantité de grains en magasin, diminue à la longue ,
dans une certaine proportion, et que d'ailleurs le gouvernement a si bien pris ses mesures, que des
transports frauduleux de grains, en entrepôt, sont
devenus, à peu-près impossibles, les officiers de la
douane, n'ont, jusqu'à présent, fait aucune espèce
de difficulté, pour accorder une diminution raisona-
ble, et proportionnée à la longueur du séjour en
entrepôt, sur les quantités, que l'on en réexporte.

7ème. Question : „ Quels ont été vos prix com-
„ muns du froment , les dix dernières années ?

RÉPONSE : Les prix communs des dix dernières années ont été pour le froment :

>> 1813, 108 shillings, 9 pence par quarter;
>> 1814, 73 >> 11 >> >> >>
>> 1815, 64 >> 4 >> >> >>
>> 1816, 75 >> 10 >> >> >>
>> 1817, 94 >> 9 >> >> >>
>> 1818, 84 >> 1 >> >> >>
>> 1819, 73 >> — >> >> >>
>> 1820, 65 >> 7 >> >> >>
>> 1821, 52 >> 10 >> >> >>
>> 1822, 42 >> 5 >> >> >>
>> 1823, 50 >> 6 >> >> >>

Nous esperons, Monsieur, avoir rempli vos intentions, et avons l'honneur d'être, etc.

(*Signé*) SCOTT, GARNETT et PALMER.

Lettre de M. JEAN LUCE *à Marseille, du* 18 *Mars* 1824.

Je viens répondre, Monsieur, aux questions que vous m'adressez.

1ère QUESTION : " quelle est la quantité de grains et de farines, qui se trouvent actuellement à Marseille ? "

Réponse. Nous comptons ici 120 mille charges de bleds étrangers, (environ 6400 lasts d'Amsterdam) dont 85,000 charges de la Mer-noire, 25,000 charges de la Baltique, et le reste d'Alexandrie et de l'Italie.

Les 25,000 charges de bled de la Baltique, sont venus forcément ici, par suite de la prohibition en

Portugal; elles ressortent à 30 et 32 francs la charge, et on les vend à 16 et 18. Il en est venu 50,000 charges, dont la moitié s'est vendue à des patrons catalans, qui, malgré la prohibition formelle, que l'on vient d'établir en Espagne, trouvent toujours le moyen de continuer leur commerce interlope, les douaniers n'étant pas suffisamment salariés.

Nous n'avons que très-peu de bleds indigènes, mais nous sommes alimentés par des versements successifs et réguliers, en farines et en grains, de la Bourgogne et du Languedoc. La Bretagne nous a peu versé, à cause de l'élévation de ses prix. En ce moment, notre provision pour les besoins locaux et de l'intérieur, se monte à 15,000 charges de bled, et 3000 barrils de farine.

2ème QUESTION : " Quelle quantité de grains et de farines vous est-il venu de l'étranger, chaque année, depuis 1815 ? "

Réponse : Il ne nous vient guère de farines de l'étranger, si ce n'est quelques farines d'Amérique; mais la quantité en est insignifiante. Voici le froment, qui nous est venu, tant de l'étranger, que de France, dépuis 1815 :

	Nord.	Mer noire.	Italie et Levant.	France.	Totaux.
1815.	42,000.	3,000.	402,700.	145,000.	232,700.
1816.	94,800.	56,000.	38,000.	168,000.	356,000.
1817.	Rien.	342,500.	219,100.	48,400.	610,000.
1818.	„	478,000.	323,900.	330.	90 2,230.
1819.	„	316,600.	204,750.	27,010.	548,300.
1820.	1800.	303,600.	87,380.	39,400.	432,100.
1821.	58,900.	66,400.	8,200.	132,300.	265 800.
1822.	10,400.	34,100.	18,000.	191,800.	254,300.
	16,200.	132,700.	45,200.	100,400.	294,500.

Le tout charges, de 8 double décalitres.

Mais il est à remarquer que dans les importations imputées à l'Italie et au Levant, il y a, à peu - près les ³l₄ de bleds qui proviennent de la Mer noire, et qui n'ont été qu'entreposés à Gènes, Livourne ou Malte.

(18 ³l₄ Charges répondent à 1 last d'Amsterdam, soit 30 hectolitres.)

3ème Question. " Quelle est la quantité que la Mer noire a fournie, ou peut fournir en général, année commune ? "

Réponse : Les expéditions de la Mer noire semblent n'avoir jamais été limitées, que par le défaut de débouché : en sorte qu'on ne peut évaluer la quantité qu'elle serait à portée de fournir. Mais à en juger par la masse des versements qu'elle fait, sur divers points, et par les envois qu'elle dirigea sur Marseille dans les fâcheuses années de 1816 et 1817, lorsqu'elle alimenta presque seule notre entrepôt, ses ressources doivent être immenses. D'ailleurs celles-ci se multiplient, en raison des besoins ; et l'élévation des prix attire, sur le marché d'Odessa, des quantités majeures de grains de l'intérieur, qui y sont en réserve, et qu'on n'expédie pas sur cette place, à cause de la cherté des loyers.

4ème Question : " Quelle quantité de grains et de farines de France, arrive-t-il à Marseille, année commune ?"

Réponse : L'état ci-haut peut vous fixer sur ce sujet. Mais il faut observer, que les importations de France, sont moins considérables maintenant, parceque les produits de la Provence se sont accrus d'une manière sensible, tant par la mortalité des oliviers, qui a rendue à la culture du froment, une grande partie du sol où ils étaient plantés, que par les défrichements qui ont eu lieu.

Je n'ai pas mentionné dans l'état ci-haut, la quantité de farines, que la France elle-même nous fournit ; elle est pourtant majeure , et chaque année elle s'accroit. Il est même visible qu'il y a tendance à ce que bientôt la moitié de nos approvisionnements se fera en farine , et déjà on peut évaluer la quantité au quart , tant les usines se sont multipliées en France.

5ème QUESTION : " A combien estime-t-on le débouché de la ville de Marseille , et celui auquel elle subvient ordinairement ?"

Réponse : La consommation de la ville , est de 600 charges , (environ 32 lasts d'Amsterdam ,) par jour. Celle à laquelle elle subvient , est relative aux recoltes. Mais , par les raisons mentionnées dans la réponse précédente , le débouché pour nos environs , s'est grandement restreint. En circonstance ordinaire on peut l'évaluer de 400 à 500 charges , par jour.

6ème. QUESTION : „ Les grains étrangers , en en-„ trepôt , à Marseille , sont-ils , dans des magasins „ ordinaires ou particuliers , sans mélange de bleds , „ indigènes ? "

RÉPONSE : Les bleds étrangers sont mis , sans mélange , avec des bleds indigènes , dans des magasins communs ; c'est-à-dire, qu'ils sont en entrepôt , *fictif* , et qu'il n'y a point de magasins *speciaux* sous clef de douane , ou d'entrepôt réél , où on les place."

7ème. QUESTION : „ Comment fait-on pour reproduire la quantité reçue , quand il y a du déchet. "

On fait à l'entrée , une mesure un peu forte , que

la douane tolère, afin de reproduire, la même quantité à-peu-près à la sortie; ou, l'on évalue la perte de la mesure, d'après la résidence du bled en magasin; et l'on vient encore de prendre des mesures, pour empêcher toute fraude à cet égard.

Je désire, Monsieur, que, ces renseignements vous soyent agréables. J'ignore le motif pour le quel vous me les avez demandés; mais si c'est en partie pour connaitre l'importance du commerce de la Mer noire, afin de savoir si les contrées du nord- ouest de l'Europe, ne pourraient pas entrer en concurrence avec la Mer noire, pour fournir aux entrepôts de la Méditerrannée, l'expérience des années précédentes est là, pour demontrer, que la Mer noire aura toujours l'avantage; et on ne pourrait concevoir l'espérance de fournir à nos entrepôts, par des envois des Pays - Bas, ou de la Baltique, que dans le cas où les Dardanelles seraient fermées.

J'estime qu'alors, la concurrence d'Alexandrie, du Golfe Adriatique et de la Sicile, ne serait pas à rédouter. Mais la Mer noire, tant qu'elle sera libre, aura toujours la préférence, parce qu'en général elle nous procure du bled excellent, à bien meilleur marché qu'aucun autre bled ne saurait nous revenir.

J'ai l'honneur etc.

Signé: *JEAN LUCE.*

Compte simulé de frais sur 1000 quarters (environ 100 lasts) de froment étranger, reçus à Londres en entrepôt, et réexportés après une année de garde.

———

Livres sterling.

Fret. . . . . - L.	00, 00, 0.
Frais de douane à l'entrée. . . -	10, 1, 6.
Déchargement du navire et mesurage. -	33, 6, 8.
Allèges. . . . . -	20, 16, 8.
Transport au magasin. . . . -	16, 13, 4.
Remuage. . . . . -	52, 0, 0.
Descente du magasin. . . . . -	16, 13, 4.
Mesurage. . . . . -	21, 13, 4.
Loyer de magasin et assurance contre incendie. . . . . -	156, 0, 0.
Frais de douane à la sortie. . . -	2, 2, 0.
Allèges et rechargement. . . . -	33, 6, 8.
Connaissements et charte-partie. . -	2, 12, 6.
Commission et factorage. . . . -	50, 0, 0.

Total. . . L. 415, 6, 0.

Au change de 12 florins par livre sterling, cela fait en argent des Pays-Bas. . . . . . . *f* 4,983, 12, 0.

Compte simulé de frais sur 100 lasts de froment
de l'étranger, reçus à Amsterdam, en magasin, et ré-
éxportés, après y avoir séjourné une année.

Fret. . . . . *f*	0,	0, 0.
Droits d'entrée, *f* 7$^1/_2$, par last, plus 13 pour cent pour le sindicat, pas-seport et menus frais. . . . -	857,	0, 0.
Décharge du navire. . . . . . -	100,	0, 0.
Mesurage. . . . . -	60,	0, 0.
Allèges. . . . . -	50,	0, 0.
Transport au magasin. . . . -	250,	0, 0.
Factorage de reception. . . . -	25,	0, 0.
Remuage. . . . . -	300,	0, 0.
Descente du magasin. . . . . -	250,	0, 0.
Mesurage. . . . . -	45,	0, 0.
Loyer du magasin. . . . . . -	600,	0, 0.

(*Nota*. Il n'est pas porté ici d'assurance contre incendie.)

Droits de sortie, 12 sols par last, plus 13 pCt. pour le sindicat, passeport et menus frais. . . -	78,	0, 0.
Allèges et rechargement. . . . -	100,	0, 0.
Factorage d'expédition. . . . -	25,	0, 0.
Commission de reception et d'ex-pédition, à 2 pCt., la valeur du froment estimée à 200 florins, ordinaires. . . . . . . -	400,	0, 0.

Total. . . *f* 3140, 0, 0.